Sitzungsberichte
er Heidelberger Akademes der Wissenschaften
Mathematisch-naturwissenschaltliche Klasse
Jahrgang 1932. 8. Abhandlung

Ist das Erdinnere fest?

von

Ernst Jänecke
Heidelberg

Vorgelegt von Wilhelm Salomon-Calvi
am 3. XII. 1932

Mit 1 Textfigur

Berlin und Leipzig 1932
Walter de Gruyter & Co.
vormals G. J. Göschen'sche Verlagshandlung / J. Guttentag, Verlagsbuchhandlung / Georg Reimer / Karl J. Trübner / Veit & Comp.

Archiv-Nr. 52 04 32

Druck von Walter de Gruyter & Co., Berlin W 10

Einleitung.

Es ist merkwürdig, daß die Frage, ob das Erdinnere fest oder flüssig ist, bis jetzt noch nicht eindeutig beantwortet wird. Viele Forscher vertreten den Standpunkt, das Erdinnere sei vollständig fest. Dieses wird z. B. von KUHN mit starker Betonung behauptet (Umschau 1929), indem er sich auf die Untersuchungen von SIMON über das Schmelzen unter Druck stützt. Von anderer Seite wird der Erdzustand als asphaltartig oder dem Siegellack oder Glas entsprechend angenommen (z. B. ARRHENIUS, Kosmische Physik). Man betrachtet ihn manchmal auch als sehr dicht, aber dennoch als plastisch, von einer zähflüssigen Stoffen vergleichbaren Beschaffenheit (KAYSER, Geologie; GÜNTHER, Geophysik). Nach anderen Angaben soll aber das Erdinnere flüssig sein. Die Anwendung hydraulischer Gesetze bei der Berechnung des Druckes im Erdinnern setzen den flüssigen Zustand voraus (WIEN-HARMS, Physik 25 II, S. 357), ebenso die Weiterführung der Theorie von V. M. GOLDSCHMIDT, die eine Zerlegung der Erdmasse in drei Flüssigkeiten annimmt, ohne daß eine etwaige spätere Verfestigung erwähnt wird. Nach V. M. GOLDSCHMIDT selbst soll unterhalb der Erdkruste nicht eine eigentliche Phasengrenze Fest-Flüssig vorhanden sein, sondern es soll Verflüssigung der Unterlage nur lokal und temporär eintreten. Demnach soll das Erdinnere fest sein (Elektrochemie 1922, 417). In neueren Handbüchern der Physik wird der Zustand der Erde weder als fest noch als flüssig angesprochen. PREY (Geophysik 1922) spricht direkt davon, daß man unter den Bedingungen, unter denen sich die Stoffe in der Erde befinden, für diese einen unbekannten Aggregatzustand annehmen müsse. An anderer Stelle ist geäußert, man müsse sich freimachen von den Begriffen fest und flüssig , wenn man von dem Aggregatzustand in der Erde etwas aussagen will (GUTENBERG, MÜLLER-POUILLET V_1, 664). In den Kreisen der Geologen ist der Erdzustand vielfach besonders bezeichnet, z. B. als säkularflüssig, womit gesagt sein soll, daß bei langsam verlaufenden geologischen Veränderungen ein Verhalten sich zeigt ähnlich dem

Flüssigen. Es liegt darin, daß jedenfalls für gewöhnlich der Zustand als fest anzusprechen sein sollte. Etwas Ähnliches wird auch gesagt (Wien-Harms, Physik 25 II, 80) bei der Betrachtung über die Art, wie die longitudinalen und transversalen Scherungswellen die Erde passieren. Der Begriff flüssig ist hiernach für die Magmenzone zwar nicht bei rascher Beanspruchung, wohl aber bei langsamen geologischen Veränderungen am Platze. Es geht also klar hervor, daß die Ansichten darüber, ob das Erdinnere fest oder flüssig ist, noch nicht geklärt sind. Deshalb handelt es sich zunächst einmal darum, festzulegen, was man unter scharf Flüssig und Fest zu verstehen hat. In Übereinstimmung mit der jetzt allgemein als richtig anerkannten Auffassung soll der flüssige Zustand als der Zustand ungeordneter Molekülverteilung aufgefaßt werden, der durch Wärmeaufnahme aus dem festen durch ein Kristallgitter ausgezeichneten Zustande bei konstanter Temperatur entsteht, wenn auch der Druck konstant ist. Wenn sich demnach in der Natur Veränderungen vollziehen, wobei das Kristallgitter der Stoffe bestehen bleibt, handelt es sich um Veränderungen im festen Zustande. Vollziehen sich die Vorgänge in Stoffen ohne Kristallgitter, so handelt es sich um Veränderungen im flüssigen Zustande. Beides ist denkbar, wenn man von einem „säkularflüssigen" Zustande spricht. Das gleichzeitige Vorkommen beider Aggregatzustände erscheint nicht gut möglich.

Die Schichten der Erde und ihre Aggregatzustände.

In einer früheren Mitteilung über die Schrumpfung der Erde [1]) ist bereits die Antwort auf die aufgeworfene Frage nach dem Aggregatzustand angedeutet. Die Temperatur in der Erde wächst mit der Tiefe. Wird die Schmelztemperatur der die Erdkruste bildenden Stoffe unter dem hohen Druck, unter dem sie sich in der Erde befinden, überschritten, so ist auch in entsprechender Tiefe alles flüssig. Daß dieses wirklich so, ist wohl nicht zu bestreiten. In der früheren Arbeit ist auseinardergesetzt worden, daß der flüssige Zustand in einer Tiefe von etwa 100 km bei 3000° beginnt. Diese Zahlenangaben sind wenigstens der Größenordnung nach richtig. Man könnte noch einwenden, daß in dieser Tiefe der Erddruck bereits derartig hoch wäre, daß die Verflüssigung verhindert würde. Deswegen ist die Frage zu beantworten, wie hoch ist der Druck in 100 km Tiefe? Wäre die Erdkruste flüssig, so

[1]) Sitzungsber. d. Heidelberger Akademie der Wissenschaften 1932, 6. Abh.

berechnete sich in einer Tiefe von 100 km bei einem spezifischen Gewicht von 2,8 ein hydraulischer Druck von 28 000 Atm. Weil aber die Erdkruste fest ist, muß der wirkliche Druck geringer sein, da die feste Schale, indem sie sich seitlich stützt, den Druck nach unten teilweise aufhebt. Man kann deswegen vielleicht einen Druck von 25 000 Atm. an der Stelle annehmen, wo die Erdkruste aufhört. Dieser Druck ist gewiß erheblich, aber noch nicht so groß, daß er nicht auch an der Erdoberfläche im Laboratorium herstellbar wäre. BRIDGMAN hat bei seinen Versuchen hydraulische Drucke bis zu 30 000 Atm. erreicht. Er hat unter hohem Druck Stoffe geschmolzen, z. B. Eis (VI) bei Drucken oberhalb 20 000 Atm. Es liegt natürlich gar kein Grund vor, das bei diesen Drucken erhaltene Wasser anders als wirklich flüssig aufzufassen. Wenn man dies bedenkt, so liegt auch gar keine Veranlassung vor, feste Stoffe, die bei 3000° unter Drucken ähnlicher Größenordnung ihren festen Aggregatzustand durch Wärmezufuhr ändern, anders als flüssig aufzufassen. Es muß also angenommen werden, daß unmittelbar unterhalb der festen Erdkruste eine wirkliche flüssige Masse liegt. Ein besonderes Verhalten zeigt diese lediglich dadurch, daß sie sich unter hohem allseitigem Druck befindet. Insbesondere wird eine flüssige Schicht bei derartig hohen Drucken auch eine Widerstandsfähigkeit gegen Formänderung, eine Riegheit besitzen und wird deswegen auch transversale Wellen auf die beobachtete Art fortpflanzen. Dieses Argument gegen die Annahme eines flüssigen Zustandes der Erde ist also nicht stichhaltig.

Wenn aber unter der festen Erdkruste eine flüssige Schicht liegt, so ist damit natürlich keineswegs gesagt, daß diese sich bis zum Erdinnern erstrecken muß. Überlegungen, die sich aus der Form der Schmelzkurve, d. h. der Beziehung von Druck und Temperatur beim Schmelzen ergeben, führen zu der Auffassung, daß auf eine flüssige Schicht unter der festen Erdkruste wiederum eine feste Schicht folgt. Würde man die Schmelzkurve der in Betracht kommenden Stoffe wirklich kennen, so ließen sich auch zahlenmäßige Angaben machen. Bis jetzt läßt sich aber über das Schmelzen nur aussagen, daß bei wachsender Schmelztemperatur der Schmelzdruck ständig steigt und umgekehrt. Nach den neuesten Auffassungen gilt als Gleichung der Schmelzkurve $p + a = BT + CT^n$, wobei p und T Druck und absolute Temperatur sind und a, B, C und n bestimmte Werte für jeden Stoff haben. Der Wert B kann gleich Null gesetzt werden, dann vereinfacht sich die Formel zu $p + a = CT^n$, zu einer Parabel höherer Ordnung, die zu einer einfachen Parabel wird, wenn n den Wert 2 hat. Für die zugehörigen Werte $p = 1$, $t = 1000^0$ und $p = 25\,000$, $t = 3000^0$ berechnet sich eine Parabel mit der Gleichung $p + 4000 = 0{,}00265\ T^2$. Sie soll der Einfachheit halber den weiteren Betrachtungen zugrunde gelegt werden. Es ist selbstverständlich, daß sie nicht genau dem wirklichen Verhalten beim Schmelzen entspricht, ganz abgesehen davon, daß für Gemische überhaupt nicht eine einzige Kurve gilt. Sollte man einmal in die Lage kommen, eine richtige Schmelzgleichung für hochschmelzende Silikate feststellen zu können, so könnte diese mit mehr Recht an die Stelle der hypothetischen Gleichung gesetzt werden. Der Zweck, eine bestimmte Gleichung zugrunde zu legen, liegt hauptsächlich darin, Zahlenangaben über Druck und Temperatur machen zu können, die relativ zueinander stimmen. Diese Zahlen haben natürlich nur einen Wahrscheinlichkeitssinn, etwa in der Art, daß auch ein halb so großer Wert ebenso wie ein doppelt so großer nicht ausgeschlossen ist.

Folgende Tabelle gibt einige zusammengehörige Werte von Druck und Temperatur auf der Schmelzkurve der hypothetischen Form $p + 4000 = 0{,}00265\ T^2$.

p (Atm.)	1	25 000	400 000	1 000 000	2 000 000
$T = t + 273$	1230	3 090	12 300	19 430	27 500
t (abger.) °C	955	2 820	12 030	19 160	27 230

Beim Druck von 1 Atm. ist die Temperatur (t) in gewöhnlicher Zählung rund 1000°, bei 25 000 Atm. Druck rund 3000°. Dieses sind die Schmelztemperaturen, die für die Erdkruste an der Oberfläche der Erde und an der Grenze gegen das Flüssige angenommen wurden.

Die weiteren Berechnungen sollen nun unter der Annahme gemacht werden, daß sich das Flüssige bis zu der durch seismische Untersuchungen nachgewiesenen Unstetigkeitsstelle von 1200 km Tiefe erstreckt. Die Berechtigung dieser Annahme wird noch weiter erörtert werden. Der Druck, der von einer Flüssigkeit ausgeübt wird, die sich in der Erde bis zu einer Tiefe von 1200 km erstreckt, läßt sich berechnen, wenn ihr spezifisches Gewicht bekannt ist (MÜLLER-POUILLET VI 807/808). Zu berücksichtigen ist hierbei die Veränderung der Erdschwere mit der Tiefe. Wird angenommen, die Dichte sei konstant, so ist der Druck an einer Stelle im Innern der Erde, die einem Radius (r) entspricht, aus der Gleichung $p = 1\,695\,000\,[1 - (r/r_0)^2]$

Atm. zu berechnen, wobei r_0 der Radius der Erde, gleich 6370 km ist. Für die Tiefe von 1200 km (also $r = 5170$) berechnet sich p zu 583 000 Atm. Statt dieser Zahl sollen 400 000 Atm. angenommen werden, da das spezifische Gewicht der oberen Schichten der Erde geringer als der Durchschnittswert ist. Für das Schmelzen unter diesem Druck berechnet sich aus der Schmelzkurve eine Temperatur von $\sim$ 12 000°. Erstreckte sich also das Flüssige unter der Erdkruste bis zu einer Tiefe von 1200 km, so würde die Temperatur in diesem flüssigen Teil von 3000° auf 12 000° ansteigen. Als durchschnittliche „geothermische Tiefenstufe" für diesen Teil ergäbe sich ein Grad auf etwa 120 m, also fast der fünffache Wert wie in der festen Erdkruste. Wenn nun berücksichtigt wird, was kaum bezweifelt werden kann, daß die Erde unterhalb ihrer schützenden Erdkruste im Wärmegleichgewicht ist, so befindet sich das Flüssige oben im Gleichgewicht mit der festen Erdkruste und unten im Gleichgewicht mit dem darunterliegenden festen Teil. Der flüssige Teil muß aus diesem Grunde überall dem Gleichgewicht „Fest-Flüssig" entsprechen. Jeder Punkt des flüssigen Erdmantels hat also einen bestimmten Druck und eine zugehörige Temperatur, die durch entsprechende Punkte der angenommenen Schmelzkurve ausgedrückt werden.

In der Tiefe von 1200 km wird hiernach also die Erde fest. Eine weitere scharfe Unstetigkeit erfährt sie nach den seismischen Untersuchungen, wie bekannt, bei 2900 km. In einer flüssigen Erde könnte man den Druck an dieser Stelle zu rund 1 Million Atm. annehmen. Auf der Schmelzkurve entspräche dieses etwa einer Temperatur von 20 000°. Im Erdinnern hätte eine flüssige Erde einen hydraulischen Druck von etwa 2 Millionen Atm., was nach der Schmelzkurve einer Schmelztemperatur von rund 25 000° entspräche. Die Temperatur an der Grenze des flüssigen gegen das feste Erdinnere ist nach der Annahme 12 000°. Da Wärmegleichgewicht anzunehmen ist, kann das darunter liegende Feste kaum höhere Temperatur haben. Die errechnete Temperatur von 12 000° ist höher als in neuerer Zeit für das Erdinnere meist angenommen wird. Diese höhere Temperatur erscheint aber richtiger, da eine geringere nur dann in Frage käme, wenn der Umfang des Flüssigen kleiner wäre, sich also nicht bis 1200 km erstreckt, was nach den folgenden Auseinandersetzungen nicht anzunehmen ist.

Die bisherigen Betrachtungen ergeben also unterhalb der Erdkruste drei Schichten, wie sie auch sonst allgemein angenommen werden, von denen die oberste flüssig ist im Gegensatz zu anderen Annahmen. In bezug auf die chemische Zusammensetzung der Schichten ist als sicher anzunehmen, daß der feste Erdkern in der Hauptsache aus Eisen und Nickel besteht. Die darüber liegenden Stoffe sind vorherrschend Silikate. Die neuerdings seit V. M. Goldschmidt vielfach angenommene Schicht von Sulfiden oberhalb des Eisen-Nickel-Kerns hat also hiernach nicht den von ihm angegebenen Umfang. Auch von anderer Seite wird das Vorhandensein dieser Sulfidschicht bestritten (z. B. von Washington). Ein wichtiges Argument gegen die Annahme einer Sulfidschicht scheint mir in der Natur der aufgefundenen Meteorite zu liegen. Man teilt diese ein in Meteoreisen und Meteorsteine. Die Meteore werden allgemein als Bruchstücke von Himmelskörpern nach Art der Erde aufgefaßt. Hätten diese eine umfangreiche Sulfidschicht gehabt, so müßten doch sicher auch Meteorsteine gefunden werden, die Sulfide in größerer Menge enthielten. Bei den wirklich gefundenen Meteoriten spielen diese aber (Troilit) nur eine geringe Rolle. In bezug auf die Meteorite besteht wohl meist die Auffassung, daß sie so auf der Erde wiedergefunden werden, wie sie in den Himmelskörpern enthalten waren. Diese Auffassung kann nach dem vorher Auseinandergesetzten nicht richtig sein. Die festen Teile im Erdinnern sind trotz der hohen Temperaturen deswegen fest, weil sie unter hohem Druck stehen. Sie werden wieder flüssig, wenn der Druck verschwindet. Dieses muß bei derartigen Weltkörpern dann stattfinden, wenn sie auf irgendeine Weise in kleinere Stücke zerfallen. Die vorher festen Teile des Innern werden also zunächst wieder flüssig und erst nachher bei Wärmeabgabe wieder fest. Es leuchtet ein, daß die entstandenen Bruchstücke dann nicht mehr in dem großen Schwerefeld des ursprünglichen Körpers stehen, aus dem sie entstanden sind. Daher ist es auch möglich, daß sich die einzelnen Bestandteile trotz Verschiedenheit des spezifischen Gewichtes inniger mischen. Spezifisch schweres Eisen-Nickel ist beim Wiedererstarren nicht mehr so scharf von den spezifiisch leichteren Silikaten oder auch Sulfiden geschieden als es in einem starken Schwerefeld der Fall sein müßte. Hierdurch erklärt sich der sonst unverständliche Bau der Pallasite und Mesosiderite (Müller-Pouillet V 2, S. 221). Auch das Vorkommen von spezifisch leichterem Eisensulfid (Troilit) in dem schweren eigentlichen Meteoreisen ist dadurch nicht mehr unverständlich.

Die Vorgänge bei der Verfestigung der Erde.

Zum gleichen Ergebnis über den Aufbau der Erde kommt man, wenn man ihre Entwicklung unter Berücksichtigung des Erstarrens des unter Druck befindlichen Erdinnern betrachtet. Nach allgemeiner Auffassung war die Erde einmal ein heißer Gasball, der sich durch Wärmeverlust infolge von Strahlung immer mehr abkühlte und hierbei zusammenzog. Aus dem Gasball wurde beim Abkühlen eine homogene Flüssigkeitskugel, ohne daß zwischendurch eine Unstetigkeit eintrat. Die kritischen Temperaturen, unterhalb deren es

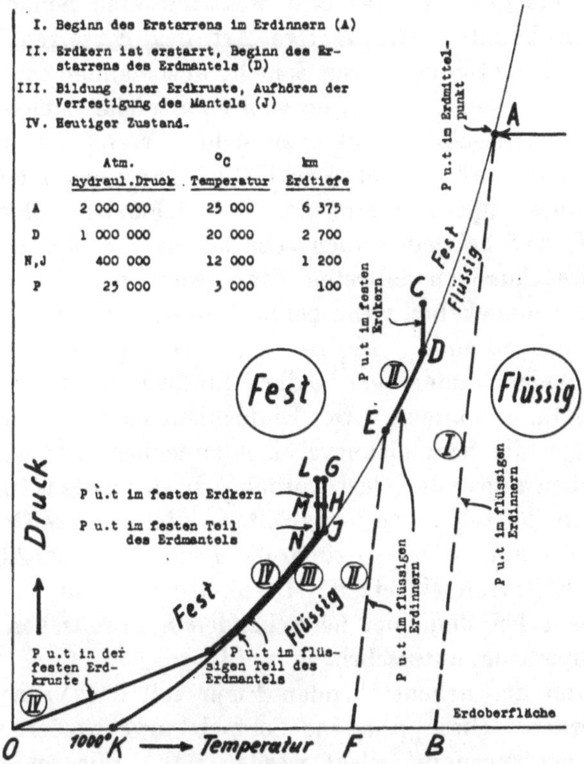

Die Vorgänge bei der Verfestigung der Erde, bezogen auf eine in bezug auf die Zahlenwerte hypothetische Schmelzkurve

Unterschiede zwischen flüssig und gasförmig gibt, sind in diesem Zustande der Erde immer noch weit überschritten. Grenzerscheinungen an der Erdoberfläche gegenüber dem Weltall müssen natürlich hierbei außer acht gelassen werden. Bei weiterem Sinken der Temperatur zerlegte sich die anfangs homogene Flüssigkeit in zwei sich übereinanderlagernde. Die Temperatur hierbei mag zu 50 000°

angenommen werden. Anfänglich enthielt jede der beiden Schichten sämtliche chemischen Bestandteile der Erde, wenn auch in verschiedenem Mischungsverhältnis. Mit weiterem Sinken der Temperatur wurden die Unterschiede in der Zusammensetzung immer größer, indem die eine zu einer rein metallischen Schicht und die andere zu einer Schicht wurde, die hauptsächlich Silikate enthielt. Waren Sulfide in größerer Menge vorhanden, so konnte noch einmal eine Trennung unter Bildung einer dritten Flüssigkeit eintreten. Es soll angenommen werden, daß die Menge der vorhandenen Sulfide nicht besonders groß war, so daß diese nur eine Schicht geringer Dicke bilden konnte. Die weitere Art des Erstarrens soll ohne weitere Berücksichtigung dieser Schicht auseinandergesetzt werden, da es hierfür unwesentlich ist, ob sich eine solche Schicht von Sulfiden und Oxyden gebildet hat oder nicht. Wenn die Temperatur der Erde weiter sank, so wurde schließlich trotz des hohen Druckes die Erstarrungstemperatur erreicht. Das Schmelzen aller Stoffe erfolgt derart, daß bei jeder auch sehr hohen Temperatur eine Verfestigung des Flüssigen eintreten kann, wenn der Druck nur hoch genug ist oder umgekehrt, wenn bei noch so hohem Druck die Temperatur entsprechend sinkt. Die Art der Verfestigung von Gemischen ist so, daß nacheinander verschiedene Stoffe rein oder in Mischung zur Ausscheidung kommen. Der Einfachheit halber ist den weiteren Betrachtungen die Schmelzkurve eines einfachen Stoffes, und nicht von Gemischen zugrunde gelegt worden. In der Erde ist naturgemäß der Druck im Mittelpunkte am größten. Beim Sinken der Temperatur wird also auch hier, trotzdem die Temperatur am höchsten ist, zuerst das Erstarren einsetzen. Diese beginnt also im Erdmittelpunkt, sobald bei dem hier herrschenden hydraulischen Druck die Schmelztemperatur unterschritten wird.

An Hand der nebenstehenden Figur soll das Verhalten näher erörtert werden. Diese gibt eine Schmelzkurve wieder, welche den Betrachtungen zugrunde gelegt werden soll. Wie schon bemerkt, sind die Zahlenwerte nur als relativ richtig in ihrem Verhältnis zueinander anzusehen. Der hydraulische Druck im Innern einer vollständig flüssigen Erde kann zu etwa 2 Millionen Atm. angenommen werden. Diesem Drucke entspricht auf der Schmelzkurve eine Schmelztemperatur (A) von etwa 25000°. Sobald also diese Temperatur der Erde unterschritten wird, beginnt die Verfestigung im Erdmittelpunkt. Die Temperatur der flüssigen Erdoberfläche ist wegen der Wärmeabfuhr natürlich geringer (B). Mit weiterer Abführung von

Wärme, beginnt eine Vergrößerung des festen Erdkernes, die durch die Erstarrungswärme bei Bildung des Festen aus dem Flüssigen noch beschleunigt wird. Die darüberliegende flüssige Schicht ist bis zu einer gewissen Höhe im Gleichgewicht mit dem Festen, während ihre Temperatur sinkt. Der Zustand kann durch den Kurvenzug (II) CDEF dargestellt werden. Der Druck im Erdmittelpunkte ist nach der Verfestigung nicht mehr so groß wie der hydraulische Druck in der vollständig flüssigen Erde war. Der Kurvenzug (II) soll sich auf den Zustand beziehen, bei dem gerade der metallische Erdkern vollständig erstarrt ist. Es ist unter Berücksichtigung seismischer Ergebnisse angenommen, daß die Verfestigung der über dem Metallkern liegenden Schicht in einer Erdtiefe von 2700 km beginnt, entsprechend einer Temperatur von 20000° und einem Druck von etwa 1 Million Atm. Die Schmelz- und Erstarrungskurven für Metalle und Silikate sind natürlich verschieden. Da über beide nicht genügend Material vorliegt, ist der Einfachheit halber die gleiche Kurve den Betrachtungen zugrunde gelegt. An die Erstarrung des Erdkernes schließt sich alsdann die der darüber liegenden flüssigen Schicht an. Sie beginnt auch bei dieser dort, wo der Druck am höchsten ist, setzt sich also von innen nach außen hin fort. An der Grenze zwischen Erdkern und Erdmantel kann unter Umständen eine zeitliche Überschneidung in der Erstarrung eintreten, was aber für die weitere Betrachtung unwesentlich ist, ebenso auch die Frage, ob sich die Erstarrung einer sulfidhaltigen Schicht einschiebt oder nicht. Die Erstarrung geht solange weiter, bis sich infolge Abkühlung der Erdoberfläche eine schützende Kruste bildet und damit eine weitere Wärmeabfuhr praktisch aufhört. Auf Einzelheiten bei der Bildung der Kruste braucht hier nicht eingegangen zu werden. Jedenfalls hat hierbei, indem das sich bildende Feste von höherem spezifischem Gewichte in das darunterliegende Flüssige einsank, gewissermaßen ein Kampf bei der Bildung der Kruste zwischen dem Festen und Flüssigen stattgefunden, bis die flüssige Erde vollständig von einer festen Kruste umhüllt war. Die Temperatur zu Beginn der Bildung der Erdkruste soll zu etwa 1000° angenommen werden. Der alsdann herrschende Zustand ist in der Figur durch die Kurve (III) GHIK wiedergegeben. Das Flüssige ist einerseits mit der Kruste, andererseits mit dem darunterliegenden Festen im Gleichgewicht. In den verschiedenen Tiefen entsprechen deswegen einander die Werte von Druck und Temperatur, die auf der Schmelzkurve liegen. Der hydraulische Druck bestimmt die Temperatur. Es wird angenommen, daß die Bildung der Erdkruste stattfand, als die Verfestigung bis zu einer Tiefe von 1200 km gekommen war. In der Figur entspricht dieses dem Punkte I bzw. N. Der hydraulische Druck in dieser Tiefe ist zu 400000 Atm. angenommen, was einer Temperatur von 12000° entspricht. Der Druck in den festen Teilen ist ein wenig höher angenommen als der hydraulische Druck, der dieser Tiefe entspricht. Eine Veränderung der Temperatur der Erde fand nach Bildung der Kruste unter dieser nur noch in geringem Umfange statt. Die Kruste verstärkte sich im Laufe der Zeit immer mehr, ihre Außentemperatur sank bald auf einen Durchschnittswert von fast Null Grad, und die Temperatur unterhalb der Kruste gegen das Flüssige stieg an. Wie früher angegeben wurde, ist anzunehmen, daß die Dicke der Erdkruste bis jetzt zu etwa 100 km angewachsen ist. Die Temperatur des darunterliegenden ist etwa 3000°, was einem Druck von 25000 Atm. entspricht. In der Figur ist der heutige Zustand der Erde durch den Kurvenzug (IV) wiedergegeben. Hiernach hat der flüssige Anteil eine Dicke von 1100 km und die Temperatur steigt von 3000° auf 12000°. Wollte man annehmen, daß diese flüssige Schicht von geringer Dicke wäre, so müßte sich die Verfestigung der Erdkruste, von außen nach innen, fortgesetzt haben daß sie sich der anderen Grenze Fest-Flüssig im Innern der Erde viel mehr genähert hätte. Dieses wäre ein merkwürdiger Zufall. Es wäre sehr sonderbar, wenn die von innen kommende Verfestigung, die mit Beginn der Krustenbildung praktisch aufhörte, gerade bis zu etwa 100 km Erdtiefe fortgeschritten, und jetzt mit der von außen kommenden Verfestigung fast zusammengetroffen wäre.

Die Annahme einer so großen flüssigen Erdschicht, wie sie sich nach dem soeben Auseinandergesetzten ergibt, ist im Einklang mit seismischen Untersuchungen. Infolge des hohen Druckes, der auf dem Flüssigen lastet, besteht in verschiedenen Beziehungen eine große Ähnlichkeit des Flüssigen mit dem Festen. So ist z. B. die Viskosität einer Flüssigkeit wesentlich anders als unter gewöhnlicher Bedingung. Der Temperaturunterschied des Flüssigen in der Erde bewirkt selbstverständlich auch hierin einen Wärmefluß von innen nach außen, der aber erheblich geringer (etwa ein Fünftel) als der in der Erdkruste ist. Auch in diesem Falle wird, wie früher[1]) auseinandergesetzt wurde, die Wärme zur Aufrechterhaltung des stationären Wärmeflusses mit konstanten Temperaturen geliefert durch das

---

[1]) l. c.

Festwerden an der Grenze von Flüssig gegen Fest. Der Unterschied liegt jetzt aber darin, daß das Flüssige über dem Festen liegt.

Für die Erde ergibt sich also folgendes Bild: unter einer Kruste von etwa 100 km liegt eine flüssige Schicht von Silikaten, die sich bis 1200 km Tiefe erstreckt, darauf folgt eine Schicht von festen Silikaten bis zu 2700 km und hierauf ein fester Erdkern aus Metallen, der in der Hauptsache aus Eisen und Nickel besteht. Zwischen Metallkern und festem Kern der Silikate schiebt sich möglicherweise ein geringer Mantel von Sulfiden ein. Die Temperatur in der Kruste steigt bis ca. 3000°, in dem flüssigen Teil bis etwa 12000° und dann nicht mehr wesentlich. Der Wärmeinhalt der Erde verändert sich nicht wesentlich mehr im Laufe der Zeit. Die Oberflächentemperatur der Erde hängt nach der Bildung der Erdkruste durchaus von der Sonnenstrahlung und der die Erde umgebenden Atmosphäre ab. Beide können sich im Laufe der Zeit verändert haben und damit zu besonderen Erscheinungen Veranlassung gegeben haben, worauf hier nicht eingegangen zu werden braucht.

Mond und Merkur.

Einwirkung von Erde und Sonne auf ihre Verfestigung.

Von besonderem Interesse ist es, daß die Art der Erstarrung, wie sie die Erde zeigt, angewandt auf Mond und Merkur zu einer Erklärung dafür führt, daß diese ihrem Zentralkörper, der Erde bzw. der Sonne, stets dieselbe Seite zukehren. Mond und Merkur haben ein so geringes spezifisches Gewicht (3,3 und 3,8), daß nicht anzunehmen ist, daß sie einen metallischen Kern haben. Auch bei ihnen begann die Erstarrung der vorher flüssigen Weltkörper von innen heraus, sobald die Temperatur unterschritten wurde, die dem Schmelzdruck im Mittelpunkt entspricht. Infolge der geringen Größe und geringeren Schwere ist der hydraulische Druck eines vollständig flüssigen Mondes im Mittelpunkt geringer als bei der Erde. Aus diesem Grunde sind die Werte für Druck und Temperatur, bei denen die Verfestigung begann, für Mond und Merkur erheblich geringer als für die Erde. Die folgenden Angaben, die sich auf den Mond beziehen sollen, gelten mit entsprechenden Änderungen auch für den Merkur. Den Druck im Mittelpunkt eines flüssigen Mondes kann man unter Berücksichtigung seiner Schwere und Masse zu etwa 100000 Atm. berechnen. Auf der Schmelzkurve entspricht dieses einer Temperatur von etwa 7000°. Als also der Mond so weit abgekühlt war, daß im Mittelpunkt nur noch diese Temperatur herrschte, begann hier die Verfestigung. An der Mondoberfläche ist die Temperatur naturgemäß geringer. Bei fortschreitender Verfestigung stellte sich über dem festen Kern in der darüber lagernden Flüssigkeit langsam von unten nach oben bei weiterer Wärmeabfuhr ein Gleichgewicht her, das durch die Schmelzkurve bedingt ist. Auch in diesem Falle ist der Einfachheit halber die frühere Schmelzkurve zugrunde gelegt. Wegen der geringeren Schwere auf dem Monde ist aber das Gewicht, das in bestimmter Tiefe über einer bestimmten Fläche lastet geringer als bei gleicher Tiefe in der Erde. Dieses bewirkt, daß die Temperatur des Flüssigen nach oben hin langsamer abnimmt als im gleichen Falle in der Erde. Da der Druck einer Flüssigkeitssäule auf der Erde viel größer ist als der der gleichen Flüssigkeitssäule auf dem Monde, so entspricht die gleiche Tiefe bei Erde und Mond sehr verschieden großen hydraulischen Drucken und damit sehr verschiedenen Punkten auf der Schmelzkurve. Die Erstarrung des Mondes setzte sich gerade so wie auf der Erde so lange fort, bis sich eine Kruste bildete, welche, sobald sie den Mond vollständig umschlossen hatte, eine weitere Wärmeabfuhr gleichfalls fast vollständig verhinderte. Es soll auch hier angenommen werden, daß dieses eintrat, als die Oberflächentemperatur auf 1000° gesunken war. Wegen der langsameren Temperaturzunahme im Innern des noch flüssigen Mondmantels wird bei Beginn der Bildung einer Kruste die Temperatur an der unteren Grenze Flüssig-Fest erheblich niedriger liegen als bei der Erde. Es soll 3000° als Temperatur des Mondkernes angenommen werden, was einem Druck von etwa 25000 Atm. auf der Schmelzkurve entspricht. Ein solcher Druck entspricht in der Erde einer Tiefe von etwa 100 km, beim Mond aber einer solchen von etwa 600 km. Bei einem Radius des Mondes von 1700 km hätte der feste Mondkern demnach eine Dicke von 1100 km, darüber liegt ein flüssiger Mantel und die Mondkruste. Daß der Mond im Innern noch teilweise flüssig ist, meint auch Arrhenius (Planeten 1921, 160). Er ist der Ansicht, daß der Mond wahrscheinlich noch nicht ganz bis zum Mittelpunkt erstarrt ist. Hierin liegt die Auffassung, daß im Gegensatz zu dem Vorstehenden, die Erstarrung von außen her erfolgte und nicht von innen heraus. Auf die Entstehung der eigentümlichen Mondoberfläche braucht hier nur mit einigen Worten eingegangen zu werden. Daß sie durch Einflüsse von außen entstanden sein soll, erscheint ausgeschlossen. Es ist anzunehmen, daß sie bei der Bildung und Verstärkung der Mondkruste in der Form entstanden ist, die wir jetzt noch wahrnehmen. Die Mondoberfläche ist von der

Erde deswegen so verschieden, weil gewissermaßen seine ganze Entstehungsgeschichte noch zu sehen ist, während sie bei der Erde infolge der dort vorhandenen Atmosphäre verwischt ist. Außerdem bestand ein Unterschied beim Erstarren darin, daß beim Mond die Steigerung der Temperatur des unter der sich bildenden Kruste liegenden Flüssigen langsamer als bei der Erde war. Es ist anzunehmen, daß dadurch die Bildung großer „Mare" gefördert wurde, die, nachdem die begrenzenden Teile erstarrt waren, als ziemlich ebene Flächen erstarren konnten.

Die Verfestigung des Mondes, wie sie eben erörtert wurde, führt noch zu einer wichtigen Erscheinung, die durch die Schwerewirkung der Erde auf dem sich bildenden Mondkern veranlaßt ist. Wenn sich im Mondmittelpunkt ein fester Körper bildet, der spezifisch schwerer ist als die darüber lagernde Flüssigkeit, so unterliegt er nicht nur der Gravitationswirkung des Mondes, sondern auch der der benachbarten Erde. Etwas Ähnliches gilt für den Merkur in bezug auf die Sonne. Es läßt sich nach dem Gravitationsgesetz leicht ausrechnen, daß für einen Massenpunkt auf dem Monde die Schwerewirkung durch die Erde keineswegs gegenüber der durch den Mond zu vernachlässigen ist. Wird ein solcher Massenpunkt immermehr in das Innere des Mondes verlegt, so nimmt dessen Gravitationswirkung ständig ab, Bildet sich also innerhalb des flüssigen Mondes ein fester Mondkern von höherem spezifischem Gewicht, so wird dieser innerhalb des flüssig bleibenden Teiles des Mondes von der Erde angezogen. Er bleibt also nicht mehr im Mittelpunkt des Mondes stehen. Hatte der Mond eine Rotationsbewegung, so wird diese durch diese Verlagerung des festen Mondkernes gebremst. Diese Bremswirkung vergrößert sich bei Vergrößerung des festen Kernes. Es tritt eine Art Gezeitenwirkung auf bei der sich etwas Flüssiges über Festem durch Gravitationsanziehung fortbewegt. In diesem Falle übertrifft allerdings im Gegensatz zu der Gezeitenwirkung des Mondes auf die Erdmasse die Masse des Flüssigen die des Festen. Die Bremswirkung mußte schließlich dazu führen, daß der Mond seine eigene Drehung vollständig verlor und seitdem der Erde stets dieselbe Seite zuwendet. Die Rotation ist dann gleich der Evolution geworden. Es ergibt dieses also eine zwanglose Erklärung für die beim Mond und höchstwahrscheinlich auch Merkur beobachtete Eigentümlichkeit, der Erde beziehungsweise der Sonne stets dieselbe Seite zuzuwenden. Als Erklärung hierfür wird meist eine Gezeitenwirkung anderer Art angenommen. Wenn sich bei den anderen kleinen Planeten ein solches

Verhalten in bezug auf die Sonne nicht zeigt, so läßt sich dieses damit erklären, daß in diesem Falle die Schwerewirkung des Zentralkörpers nicht groß genug war, um die Rotation aufzuheben. Möglicherweise ist aber bei der Verfestigung dieser Planeten von Innen heraus keine so große Dichtevermehrung eingetreten und dadurch die Einwirkung der Sonne nicht groß genug gewesen.

Wie die Erstarrung des Mondes in der auseinandergesetzten Art eine zwanglose Erklärung für seine eigentümliche Bewegung gibt, so kann auch diese Tatsache umgekehrt als eine Stütze der den Betrachtungen zugrunde gelegten theoretischen Erwägungen gelten.

Zusammenfassung.

Es wurde gezeigt, daß sich unterhalb der Erdkruste ein flüssiger und darunter ein fester Mantel befinden, die einen festen Kern umschließen. Die Erstarrung der Erde aus dem flüssigen Zustande erfolgte, nachdem sie sich in zwei Flüssigkeiten zerlegt hatte, von innen heraus. Nachdem die innere Flüssigkeit, der Erdkern, und ein Teil der darüberliegenden zweiten Flüssigkeit erstarrt war, schloß die Bildung der Erdkruste die Erstarrung von innen heraus ab. Unter Zugrundelegung seismischer Untersuchungen und einer in bezug auf die Zahlenwerte hypothetischen Schmelzkurve wurden Angaben über die Temperaturen sowie Drucke bei den verschiedenen Stadien der Erstarrung gemacht. Es ergab sich hiernach eine Dicke der Erdkruste von etwa 100 km unter Steigerung der Temperatur bis zu etwa 3000° und des darunter liegenden Flüssigen von 1100 km unter Steigerung bis zu etwa 12000°. Der feste Kern besteht aus Metall, der darüberliegende feste und flüssige Mantel in der Hauptsache aus Silikaten. Ein fester Mantel aus Sulfiden von geringerem Umfang kann den Erdkern umschließen.

Die Verfestigung von Mond und Merkur, die in gleicher Weise wie bei der Erde von innen heraus geschah, ergibt eine Erklärung für die Eigentümlichkeit, daß diese Weltkörper ihrem Zentralkörper stets die gleiche Seite zuwenden. Die Bildung des spezifisch schwereren Kernes der Trabanten veranlaßt infolge der Gravitationswirkung des Zentralkörpers eine Bremswirkung und damit die Vernichtung vorher vorhandener eigener Rotation.

Kolibri 360 GmbH
Ferdinand-Jühlke-Straße 7
99095 Erfurt, Deutschland
produktsicherheit@kolibri360.de